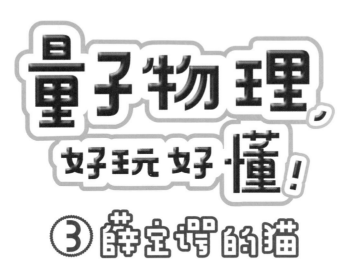

量子物理，好玩好懂！

③ 薛定谔的猫

量子物理，好玩好懂！

③ 薛定谔的猫

[韩] 李亿周◎著　[韩] 洪承佑◎绘　王忆文◎译

北京科学技术出版社
100 层童书馆

小朋友们，大家好。我是漫画家洪承佑。

我从小就很崇拜科学家。科学家研究宇宙万物（包括我们生活的地球）是如何形成和运作的。

假设我们面前有一个苹果，我们先将它对半切开，再分别对半切开，一直这样对半切下去，直到不能再切，会得到什么呢？

答案是原子。原子是构成物质的一种基本粒子。

量子力学研究的就是物质世界中像原子这样的微观粒子的运动规律。

早在古希腊时期，人们就对微观世界产生了疑问并充满了好奇。数千年来，科学家一直在研究原子，现在已经知道原子里面有什么，以及它们是如何运动的。但我们还需要进一步研究。

你们是否好奇历史上都有谁产生过疑问，以及他们分别是如何进行研究的？让我们通过漫画来了解科学家研究科学现象的故事，一起学习原子世界的物理定律。在这套书中，我们的好朋友郑小多将穿越时空，带领你们去探究原子的世界。

大家准备好和小多一起走进肉眼看不见的微观世界了吗？

出发！

洪承佑

要是没有手机和电脑，大家的生活会是什么样的呢？也许你们会觉得好像回到了原始社会。

很多让我们的生活变得便利的科学技术都离不开量子力学。手机和电脑中半导体的工作原理就要通过量子力学来解释。

科学史上有两个年份是"奇迹年"。

第一个年份是1666年。这一年，牛顿发现了万有引力定律和牛顿运动定律，解释了苹果落地的原因和月球运动的规律。

第二个年份是1905年。这一年，爱因斯坦发表了通过光子解释光电效应现象的伟大论文，为量子力学的建立奠定了基础。

牛顿运动定律可以解释肉眼可见的宏观世界，而量子力学则可以解释肉眼看不到的微观世界。

完全理解量子力学是一件非常难的事。

但只要拥有好奇心，你们就可以了解物质是由什么构成的，以及微观粒子是如何相互作用的。

好奇心是科学进步的基石。这套书讲的就是那些怀着好奇心探索物质世界的科学家的故事。从古希腊哲学家德谟克利特到成功完成量子隐形传态的安东·蔡林格，我想借由这些对量子力学做出贡献的科学家的故事带领大家进入微观世界。

李亿周

目　录

量子力学的世界，
你想了解吗？

这次会穿越到
哪里去呢？

登场人物

郑小多+金敏书+Mix
充满好奇心的三剑客，
一起穿越时空，进行量子力学大冒险

小多的家人
相亲相爱的一家人，
聚在一起时到处是欢声笑语

身份不明的可疑人物
妨碍穿越的可疑人物，
他们到底是什么人？

恩里科·费米

美籍意大利物理学家

(1901—1954)

沃尔夫冈·泡利

奥地利物理学家

(1900—1958)

沃纳·海森堡

联邦德国物理学家

(1901—1976)

保罗·狄拉克

英国物理学家

(1902—1984)

埃尔温·薛定谔

奥地利物理学家

(1887—1961)

路易·德布罗意

法国物理学家

(1892—1987)

玛丽·居里

法国物理学家

(1867—1934)

尼尔斯·玻尔

丹麦物理学家

(1885—1962)

阿尔伯特·爱因斯坦

犹太裔物理学家

（1879—1955）

马克斯·玻恩

犹太裔物理学家

（1882—1970）

哇，是我喜欢的波斯菊！

我喜欢波斯菊，因为波斯菊是宇宙之花。

那又怎么样？

因为我长大以后要成为探索宇宙奥秘的科学家！

那你了解它的习性吗？

习性？不，不了解……

连这都不知道，还说什么探索宇宙奥秘！

花的习性和宇宙有什么关系！

它是双子叶植物，有两片子叶……属于菊科……

美滋滋

哕！

它是观赏花卉，春天发芽，冬天到来前凋谢……

好美！

但是这和宇宙有什么关系！

我一定要成为植物学家！

我要成为植物学家，专门研究植物！

你爱干吗干吗！

打哈欠

关于波斯菊有一个美丽的传说。

很久很久以前，神造出了山。但造完后发现，世界看起来有些荒凉。

总觉得少点儿什么。

所以神决定做一些花，把世界装饰得更美丽。

就当神和人长得一样吧！

呼 呼

但可能因为第一次做花，所以一开始不太顺利。

茎太细了！

丢 丢

颜色也不满意！

后来，神做出了有各种颜色的花，这就是波斯菊。

神在做了许多花后，完成的最后一件作品是菊花。

呼！

菊科植物是双子叶植物中最高等的。

嘿嘿！

哇

波斯菊也是菊科植物。

我们是一家人！

菊科植物可以说贯穿了神造花的始终。

哇，背后有这么深的含义啊。

等长大后有了喜欢的人，我就把我们俩喜欢的花放在一起送给她。

开心

嘎嘎嘎嘎！

哆嗦

你想什么呢？你在搞笑吗？

比如说，把玫瑰和波斯菊组合起来……

玫瑰？那不是我喜欢的花吗？

咻呜

邻居家的
莉莉!

嘿 嘿

莉莉,
好久不见!
我们先来个
贴鼻礼吧。

Mix,你
最近怎
么样?

嗖 嗖

咻 呜 呜

汪!汪!汪!

嗷嗷嗷嗷嗷!
为什么!偏偏!
是现在!

汪 汪!!

刷 啊 啊

看你这么暴躁,
一定是好事
被打断了。

这可
不是我的错

1939年　美国哥伦比亚大学
恩里科·费米教授的研究室

现在只需弄清楚引发穿越的原因……

只要从科学家那儿得到礼物，就能结束穿越。

咦？我之前在罗马大学见过你俩……

啊，又是费米教授！而且他竟然记得我们！

费mi fa sol la si do。

你来美国干什么？

美国？这不是意大利？

因为战争，我在意大利很难再进行研究，于是跑到美国来了。

啊……原来如此！

15

那天我因为签证资料的事出去了一会儿，回来的时候你俩已经走了。

啊……是的，我突然有点儿急事……

后来我也移民来美国了。

噢，是吗？

很会随机应变嘛！

那我们接着聊聊那天没说完的吧。

好……

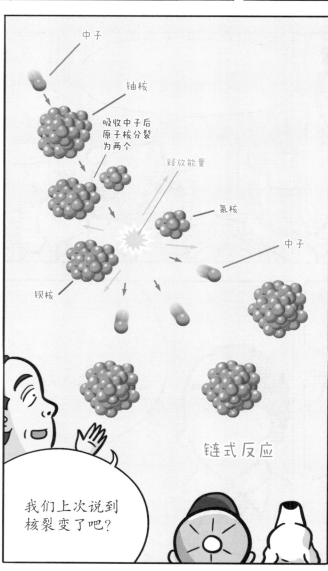

中子

铀核

吸收中子后原子核分裂为两个

释放能量

氦核

中子

钡核

链式反应

我们上次说到核裂变了吧？

今天要说的是核聚变！

要解释核聚变，那就得从太阳说起。

哐啊

啊

啊

啊

刺啦

呀

刺啦

啊，好烫啊！

16

太阳就是一个巨大的工厂，无数的氢原子不断地在其中发生核聚变。

哈哈！哈哈！
聚合！嘿哈！

Yo! Check it out!

啪

氢原子核互相结合吗？

是的。

生于德国的物理学家汉斯·贝特发现太阳内部的氢在不断发生核聚变。

贝特教授在我之前来到了美国。

德国

美国

来有这么多科学家为战争而流亡国外。

贝特教授认为氢原子核的质子可以互相结合。

啊？

质子都带正电荷，不是会互相排斥吗？

啪

一般情况下是这样，但在像太阳这样温度极高、压力极大的地方……

质子可以互相结合。

哐昂昂

噢！可以

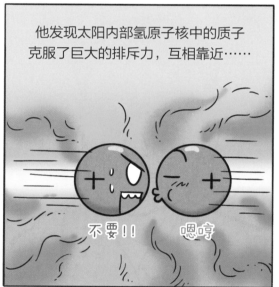

他发现太阳内部氢原子核中的质子克服了巨大的排斥力，互相靠近……

不要！！

嗯哼

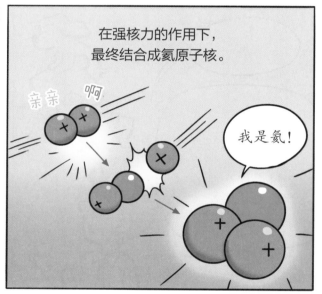

在强核力的作用下，最终结合成氦原子核。

亲亲

啊

我是氦！

咱俩每次吵吵闹闹地互相排斥……

现在变得密不可分。

抱

咳

就像氦一样……

呜嘤嘤，呜嘤嘤！都喘不上气了……快放手……

小多，我们做好朋友吧。

也许某天我和敏书也会变成好朋友？

啊，怎么可能?!

什么不可能？核聚变？

不是啦没什么……

我们再仔细想想。

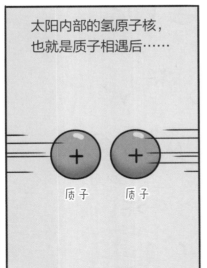

太阳内部的氢原子核，也就是质子相遇后……

质子　质子

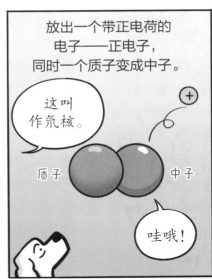

放出一个带正电荷的电子——正电子，同时一个质子变成中子。

这叫作氘核。

质子　中子

哇哦！

氘核再和质子结合的话会怎么样呢？

质子　中子　质子

会形成比常见的氦核轻一些的氦核。

它是氦的同位素*之一。

·同一元素中质子数相同、中子数不同的各种原子互为同位素。

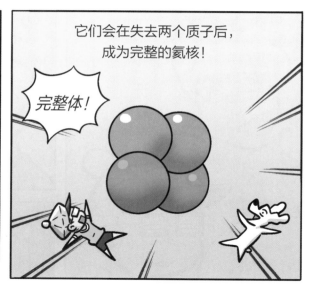

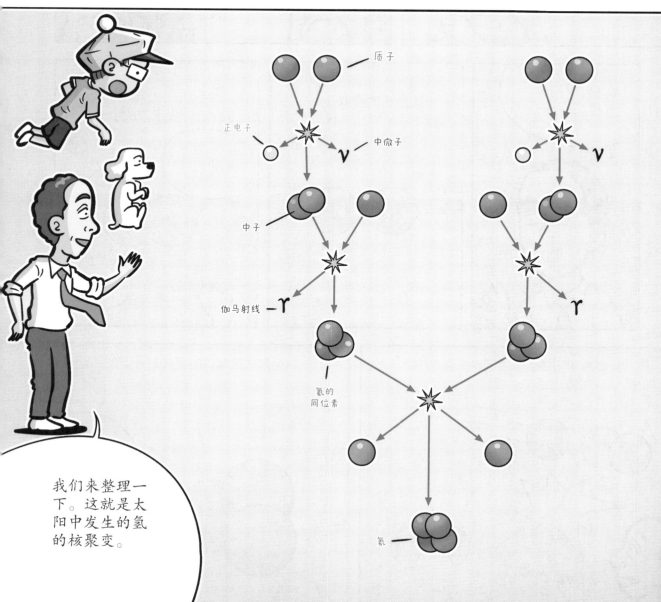

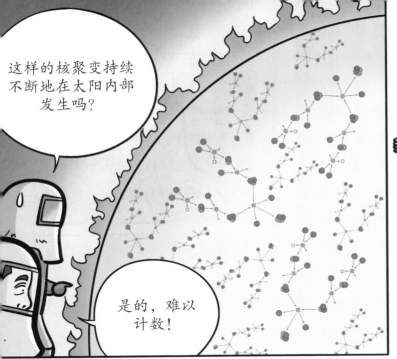

这样的核聚变持续不断地在太阳内部发生吗?

是的，难以计数!

要是太阳里的氢都用完了怎么办?

本钱都用完了……

中微子

那么，剩下的氦就会继续进行核聚变。

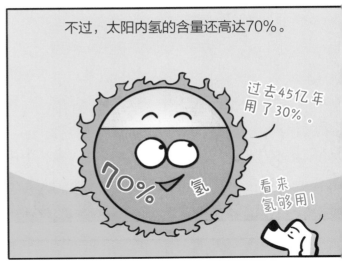

不过，太阳内氢的含量还高达70%。

过去45亿年用了30%。

70% 氢

看来氢够用!

原来核聚变也和核裂变一样，会放出能量啊!

ν

元素周期表1号元素!

H

世界上最轻的元素氢……

无论是核裂变,还是核聚变,只要妥善利用……

就能对人类有很大的帮助!

可惜有些人会用在别的地方……呜呜!

轰

哗

竟然能让太阳释放出如此巨大的能量,真是太神奇了!

你怎么这副表情?哪里不舒服吗?

没事儿,没事儿……

你等一下。

！

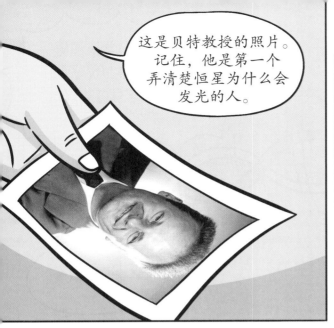

这是贝特教授的照片。记住，他是第一个弄清楚恒星为什么会发光的人。

费米教授也送我礼物了！

和之前见的科学家一样！

我接过它的话……就能回到现实生活中去吧？

快点儿接着！我想见莉莉！

好，知道了！

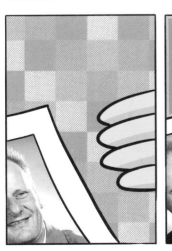

嗖

果然！我没猜错！

咻呜

啊唰 啦 啦啦啦

才没有呢!

……

跳起

那你干吗总在我拍照的时候凑过来?

不就是想引起我的注意……

真的不是,是因为时空穿越……

嚯!

等等,郑小多。你刚才说……时空穿越?

没,没有!我是说时间过得真快!

我,早就觉得你很奇怪……

什,什么?

有时候感觉像灵魂出窍,还胡言乱语……

25

你，到底有什么秘密？

糟糕，她发现我的秘密了？

惊吓

好吧！大不了就实话实说，总比担惊受怕强。

好吧，我都告诉你吧。

！

我能穿越时空！

刚穿越回来之后，有一会儿会神志不清。

所以才会胡言乱语……

……

第二话
多了一位同伴！

我去了趟洗手间，还以为你们走了……

！

没想到又从天花板上掉下来了……

从天花板上？

为什么偏偏是我先掉下来……

站起

你们，到底是什么人？为什么在这里？

！

因为穿越时空……

！

咬

是不可能的！我们在练杂技！我想成为杂技明星！

啊

让你乱说话

还是挺奇怪的，但我还是相信你。

呼——

唰啊啊

现在很确定了!

果然……回到现实中了……

汪汪!

你怎么能偷东西!

别生气啦!为了回到现实,我也是不得已!

呃……也是……

穿越时空的次数好像在慢慢变多……

我还在和莉莉聊天呢……

为什么跑这里来了!

掸掸

能弄清楚回来的方法就不错了,呜!

啊……莉莉……我好想你!

呜呜

现在只需找到穿越的原因……

我在穿越前到底干了什么?

噗

郑小多!

干什么?

你上次说的穿越……是真的吗?

你问这个干吗?你不是不相信吗?不是说我是为了引起你的注意吗?

不是,不是啦!

我好像看到什么了……就是户外课那天……

看到什么了?看到我穿越了吗?

冷嘲热讽

我是骗你的!就跟你说的一样,我可不太正常!

晕

你这个讨厌鬼！
烦人精！

唔……

果然，
说什么穿越，
都是骗人的。

我这个傻瓜，
竟然相信他……

站起

好！
既然如此，
那就豁出去了！

嗒嗒嗒

咻呜

郑小多和
金敏书，
合——体！

啪

看！
我没骗你吧？

唰 啊

啊啊啊啊啊！
怎么回事！

啦啦
啦

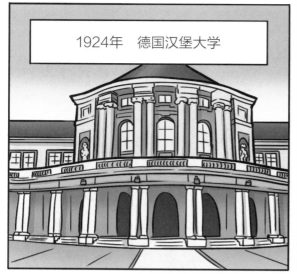

1924年　德国汉堡大学

欢迎你……第一次穿越感觉如何？

竟然是真的……

你就是Mix？你也能穿越？

我也想知道为什么。能不能别让我这个跑龙套的穿越了？

总之，我终于弄明白怎么穿越了。

拍　拍

什么？终于？

这么说你也是个新手？

才不是呢！我可是老手！

真是，穿越还分什么新手和老手……

所以这是哪儿呀？

转

你听我说完！

你们是什么人？

咚

沃尔夫冈·泡利

沃尔夫冈·泡利？

是的，我就是。你们是从哪儿来的小孩？

我们刚穿越过来，唔……

啪

我们正在学校里找资料，不小心来到了这里！

呸呸！脏死了！真恶心！

什么资料？

关于原子结构的！

呸！呸！

什么，你们这么小就知道原子？

当然。1803年，英国物理学家道尔顿提出原子论，认为物质由无法继续分割的粒子——原子组成。

我的天！

这也是通过穿越学到的吗？

点头

但1897年，英国物理学家汤姆孙……

发现原子里有电子！

是的，汤姆孙认为电子就像葡萄干一样嵌在原子里。

正电荷

电子

1911年，物理学家卢瑟福……

真空箱

金箔

α粒子发射器

通过α粒子散射实验发现了原子核。

α粒子就是氦的……

原子核！

击掌

真是配合默契……

哈哈

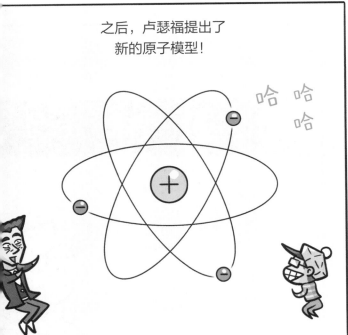

之后，卢瑟福提出了新的原子模型！

哈 哈 哈

不过，这个模型也有问题。

嘿！

滑走

41

没错，按照这个模型，电子和原子核会发生碰撞，但实际上不会，这一点无法解释。

这时候该尼尔斯·玻尔出场了。

是的，丹麦物理学家尼尔斯·玻尔认为电子按照特定的轨道绕原子核运动。

• 1纳米（nm）等于十亿分之一米（m）

电子从一条轨道跃迁到另一条轨道时，会辐射或吸收一定频率的光子。

410 nm· 434 nm   486 nm   656 nm

因此，他认为氢原子的光谱是不连续的线状光谱。

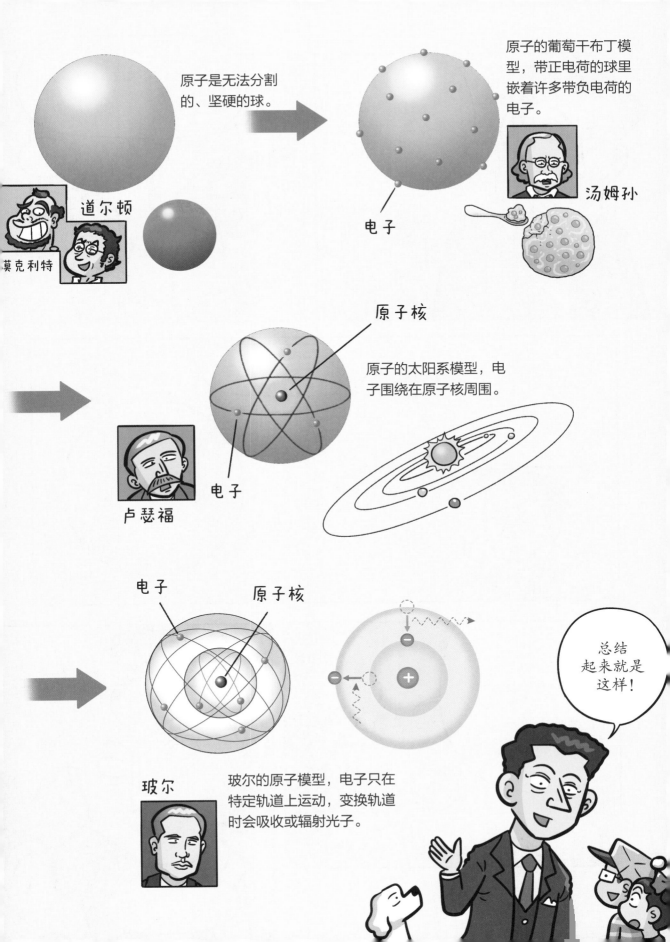

不过我对这样的原子模型还是有疑问。

科学不就是在不断的质疑中发展和进步的嘛。

喔！

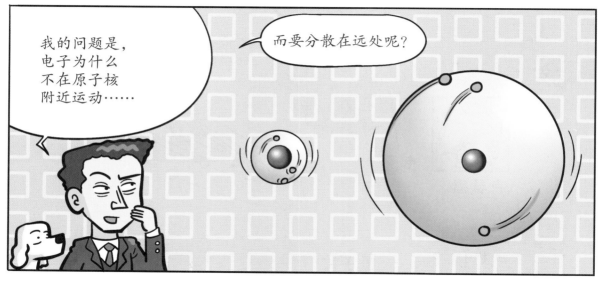

我的问题是，电子为什么不在原子核附近运动……

而要分散在远处呢？

是呀。要是电子在原子核附近运动，原子就会小得多。

其实我找到原因了！这是因为不相容原理！

不相容……原理？

不相容指互相排斥。
电子的运动状态可以用一种叫"轨道函数"
的特殊函数来表示……

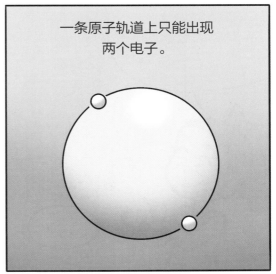

一条原子轨道上只能出现
两个电子。

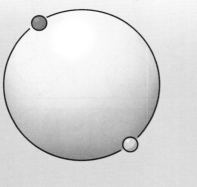

这两个电子的状态
必须是不同的。

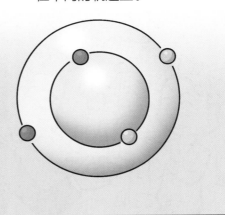

状态相同的电子只能出现
在不同的轨道上。

因为相同状态的
电子会互相排斥，所
以叫"不相容"？

是的。

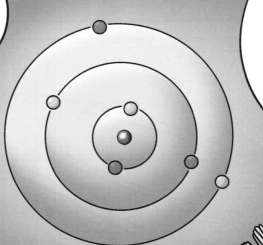

所以电子
才不得不
远远地分
散开。

那么，电子越多，原子就越大喽。

正是如此！

就像洋葱一样，层次越多，洋葱就越大！

来，拿着吧。

抛

就像洋葱……

啊……

咻 呜

收到礼物就会结束穿越……

咻 呜 呜

啊……

汪汪汪！我跑了这一趟什么也没干！

第三话
不确定的世界

下课!

哇啊

我们留下来做作业吧。

好吧。

总之,你科学学得好就是因为穿越对吧?

对。

可是为什么说了那句话就会穿越呢?

哪句话?

郑小多!金敏书!合——

噌

啊,停!

48

不能说！

嗖

啪

会穿越的！

哈

啪

喂，把手拿开！合体！结合！

不要！咻呜！

咦，怎么没动静？

得我背着你才行吧。

啊……对。

写字也能穿越吗？

合体
结合

沙沙

教书，你……真有实验精神啊……

真是充满热情……

嘿嘿……不行哎

吓！

难道必须喊出来……郑小多，金敏书！合——

喂，现在你正背着我呢！不能说！

反正……从参观了CERN*后，我就能穿越了。

CERN？

那是位于瑞士的核子研究中心。

哇！

*欧洲核子研究中心。拥有世界上最大的粒子加速器。

不过也因此了解了光的波粒二象性。

好难……二象性？

我在那里被奇怪的光照过，并晕了过去。

呃啊

噗 唰 唰

奇怪的光？

光同时拥有粒子和波的特性。

又是粒子，又是波……还有这种事……

总之，
应该是那种
奇怪的光
对我的身体产生了
影响。

从那时起，每当
我说"合体"或
"结合"之类的
词，就会穿越。

可是为什么会带着
Mix一起呢？

就是！

它和我一起被光
照到了……

噢……

我通过
穿越了解了
原子的世界。

原来
如此。

总之，穿越对完
成作业有帮助。

竟然只是
为了做
作业……

好！那从现在开始，我就靠你了。

靠我？

必须有你才能穿越嘛。你为什么突然脸红了？

我，我哪有脸红！

你不是说再也不穿越了吗？

我改变主意了！我想应该会很有趣。

因为我喜欢的动植物也都是由原子构成的。

好，出发吧。上来！

嗖

什么？这么突然！

等等！必须我背你吗？

你背我也行吧？

1927年
丹麦哥本哈根大学

这又是
哪儿？

感觉你比
我适应得快
……

你好呀！
又见面啦，
Mix！

我可
不开心！

我现在心情
很不好！
走开！

汪汪！

汪——！

你这只臭狗！
我喂了
你多少
零食！

一点儿
也不好吃！

哎哟！

你们是
什么人？

咚

我是物理学家沃纳·海森堡……

我们……我们是来自韩国的金敏书和郑小多。

你们的名字很特别啊。韩国在哪里？

你为什么不介绍我？

您不知道韩国吗？1988年的汉城奥运会！2002年的世界杯！

哎哟

喂喂

你到底在说什么……

介绍一下我嘛。

奥运会明年在荷兰举办啊。

！

喂，金敏书！

啊……

你叫什么名字？

1928年的奥运会是在荷兰举办的，那么现在是1927年。

啊，对哦！

嘿嘿！我是Mix。

请问，您做了什么物理研究呢？

我正在研究如何知道原子内电子的位置。

电子的位置！

我知道相同状态的电子无法出现在同一条原子轨道上。

没想到你年纪这么小，竟然知道这些！

这是泡利不相容原理嘛。

你们俩难不成是爱因斯坦的后代？

总之，带正电荷的质子聚在原子中心组成了原子核。

小多，原子核不是由质子和中子组成的吗？

中，中子？那是什么？

中子1932年才被发现！

窃窃私语
嘁
好吧

嘁
嚓

总之……电子的位置随着电子拥有的能量而变化，对吗？

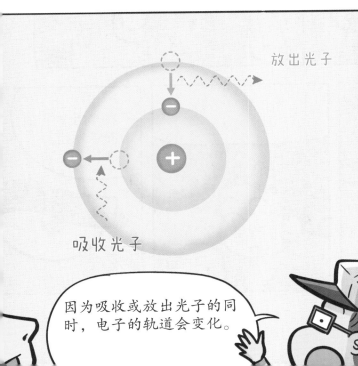

放出光子

吸收光子

因为吸收或放出光子的同时，电子的轨道会变化。

韩国到底在哪儿？那里怎么会有这么聪明的小孩？

57

你们说的没错。要是吸收了光子，电子就会移动到离原子核较远的轨道上。

要是放出光子，电子就会移动到离原子核较近的轨道上。

吸收光子

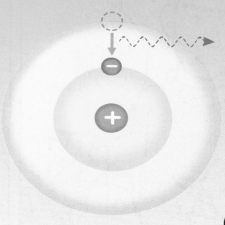

放出光子

既然知道了电子会随能量的变化而运动，那我们就能知道电子的位置了。

并不是这样的。

经典力学中，根据牛顿运动定律，如果知道物体的初始位置和速度，就能知道某个时刻物体的位置。

那么在原子的世界里……

经典力学并不适用！

假设，球以1米/秒的速度向某个方向运动。

1米/秒

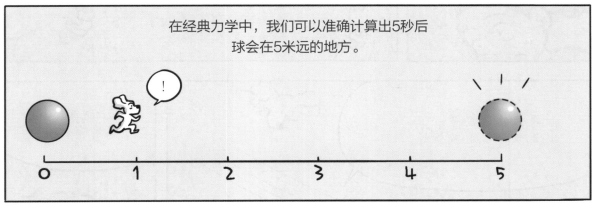

在经典力学中，我们可以准确计算出5秒后
球会在5米远的地方。

0   1   2   3   4   5

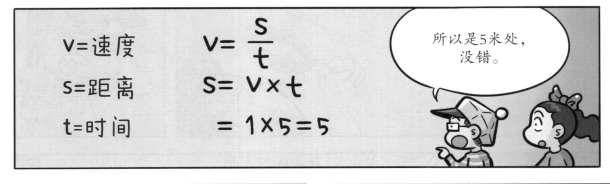

v=速度

s=距离

t=时间

$v = \dfrac{s}{t}$

$s = v \times t$

$= 1 \times 5 = 5$

所以是5米处，
没错。

但在原子的世界里，
这个定律适用吗？

我想，位置和速
度应该遵循不
一样的原理。

什么原理呢？

我们如果知道电子的准确位置，那么就无法计算出准确的动量*。

*动量等于物体的质量和速度的乘积。

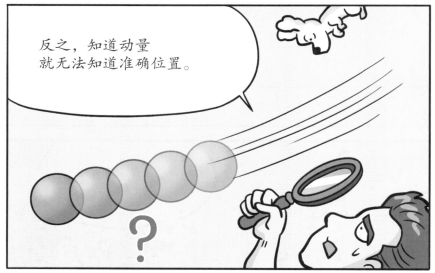

反之，知道动量就无法知道准确位置。

啊，这简直是"高智商犯罪"。

夏洛克

晕

怎么也抓不住……

是的，这就是我发现的原理！叫作不确定性原理！

哐

也就是说，我们无法同时知道电子的位置和动量！

没法一次抓住两只兔子

我跑

位置

动量

不确定性原理不适用于我们肉眼可见的世界吧？

原子的世界和肉眼可见的世界应该不同吧……

不，这个原理可以应用于我们生活的世界。

！

O

无法同时知道位置和动量的意思是……

哇哦！

在经典力学中，位置和动量的不确定性都是零，所以它们的乘积也永远等于零。

$0 \times 0 = 0$

真是完美的数字呢……

不过……

在原子的世界里，两个量的不确定性的乘积

一定会大于某个特定值。
这个值非常小，但不为0。

如果位置的不确定性变小，那么动量的不确定性就会变大。因为两个量的不确定性的乘积一定会大于一个特定值。如果位置的不确定性是0，那么动量的不确定性就会无限增大，变成无穷大了。

超级小……

$$\Delta x \Delta p \geq \frac{\hbar}{2}$$

位置的不确定性　动量的不确定性　$5.272859 \times 10^{-35} \text{J·s}$

因为不确定性原理在我们生活的宏观世界中产生的效应太小了，所以我们无法感觉到，对吗？

对。

实际上，不确定性原理在任何地方都适用。

它在原子世界里非常重要……

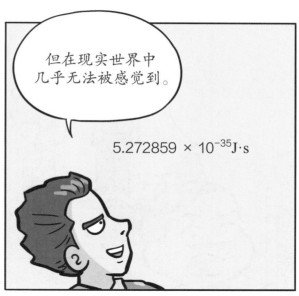

但在现实世界中几乎无法被感觉到。

$5.272859 \times 10^{-35} J \cdot s$

所有的物理现象中都蕴含着这个原理。

哇……物理定律真是超出我们的想象啊。

能看见的并不是全部！

……

Mix！组成你身体的原子全都是不确定的！

你在说什么？

我也一样！

丢

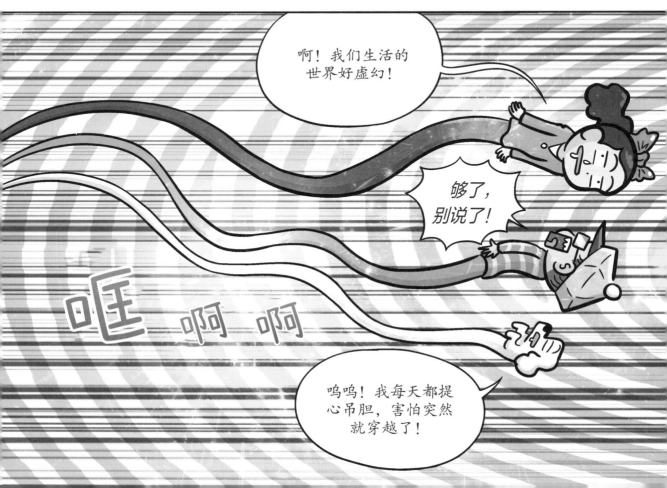

唉!打扫卫生间真是太累了……

吧嗒
吧嗒

咦? Mix!你怎么在学校!

Mix!咱们可是一家人,你怎么装作不认识!

Mix怎么会从教室里出来?

嗖

晕!

第四话
杰基尔博士和海德先生

嗯，还想来点儿鱼饼。

再加一份鱼饼！

知道了，我会保密的。

猪猪小吃

呼……

第二天　科学馆

周末真好啊！

可以来科学馆玩！

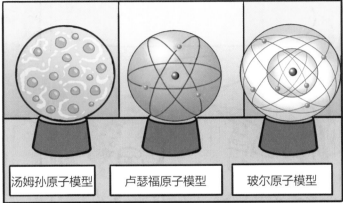

汤姆孙原子模型　卢瑟福原子模型　玻尔原子模型

原子模型！和上次泡利教授讲的一模一样！

才穿越了两次，就装作很懂原子了……

因为小多你喜欢物理学，所以我也想多了解一些嘛。

！

你以为我会这么说吗？

……

真是！我说什么了？

我本来就喜欢科学。只是特别喜欢动植物而已！

不相容原理……不确定性原理……

我有时候会想，我们为什么要弄清楚这些呢？

当然是因为探索欲了，想知道肉眼看不见的世界里发生了什么。

这时候看起来还挺帅的……

这是我爷爷说的。

晕倒

呃，好吧。确实我也想了解看不见的世界……

宠物店

那就拜托您啦。

好

新客享受免费宠物美容

你叫Mix对吧？你好呀！

我不喜欢美容。

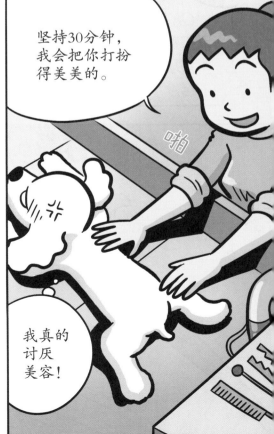

坚持30分钟，我会把你打扮得美美的。

啪

我真的讨厌美容！

1929年
丹麦哥本哈根大学

咚?

你们是谁?

咦?这里和海森堡教授的研究室好像啊……

要找海森堡教授的话就去隔壁房间。这里是我——保罗·狄拉克的研究室。

噢,原来如此。

我们又来哥本哈根大学了?

我们……对原子有一些疑问,所以来向您请教。

嗯,我也有一些疑问,可以先问问你吗?

什么?

叮~

它这是
怎么了？

不知道！

嗷呜呜呜呜噢噢
噢！妈妈被免
费活动吸引，
把我独自放在
宠物店！

嗷呜！

嗷呜！

看起来很伤心啊
应该是有什么原因吧。

话说回来，像你们这
样对原子感兴趣的小
朋友，我很喜欢。

我正好也在研
究原子世界。

研究
什么呢？

$$F_{p,r} = 2\pi \int_{\theta_s}^{\theta_s} R^2 \cos\theta \sin\theta \int_{\theta_s} \frac{-2\delta}{}$$
$$+ 2\pi \int_{\theta_s}^{\theta_s} R^2 \cos\theta \sin\theta \int_{\theta_s} \frac{6\mu(R+d)}{}$$
and for the bubble
$$F_{p,b} = 2\pi \int_{\theta_s}^{\theta_s} R^2 \cos\theta \sin\theta \int_{\theta_s} \frac{3\mu R^2 \sin\phi \, dU}{2d^2}$$
$$+ 2\pi \int_{\theta_s}^{\theta_s} R^2 \cos\theta \sin\theta \int_{\theta_s} \frac{3\beta \, \delta T}{2d} \frac{\delta T}{\delta\rho} d\rho d\theta$$
$$+ 2\pi \int_{\theta_s}^{\theta_s} R^2 \cos\theta \sin\theta \int_{\theta_s} \frac{3\mu(R+d)^2 \sin\phi}{2d^2} \frac{(\rho_i)}{}$$
Compare (1a), (1b), (MyTag), (YourTag), (1c), (1d), and (1

(YourTag)

我在研究原子
中的电子是如
何运动的。

往这儿

往那儿

来找我呀

电子获得或失去
能量后会移动到
其他轨道。

哎哟，
又开始了！

骄傲

哎呀，这小朋友，挺厉害嘛。

是的，简单地说，物理学就是解释物体运动状态的学科。

！

苹果为什么会掉在地上，地球为什么绕着太阳转……这些全都可以用运动定律来解释。

啊，您是说牛顿运动定律。

唉，你们学习是为了互相显摆吗？大人小孩都一样！

看起来真可笑，就和我一样……

啧啧……

尴尬

嗯，你说得对。在我们能看到、感受到的世界里，通过牛顿运动方程……

$F=0$ $\frac{d}{dt}v=0$ $F_{ab}=-F_{ba}$ $F=\frac{d}{dt}P=\frac{d}{dt}(mv)$

解方程好难……

可以算出物体的运动状态。

通过这个方程也能算出电子的运动状态吗？

牛顿

不能，原子的世界不同。

再见！

当物体像原子那么小时，牛顿运动方程就不适用了。

再见！

另外，当物体以接近光速的速度运动时，我们还需要考虑相对论。

那就是说，我们需要新的方程喽？

是的，这个新的方程就是我发现的狄拉克方程。

狄拉克方程！

不确定性原理也是以海森堡教授的名字命名的……

这个嘛，都是第一个提出的人说了算。

说的也是。

$$E = mc^2$$

你们知道爱因斯坦相对论的著名公式 $E=mc^2$ 吗？

当然知道！

$$E = mc^2$$

这个公式的意思是，质量和能量在本质上是一回事。

你们听说过光的波粒二象性吗？

当然啦！

啊！

光同时具有波和粒子的特性……

没错，但令人惊讶的是，电子这样的粒子也具有波的特性……

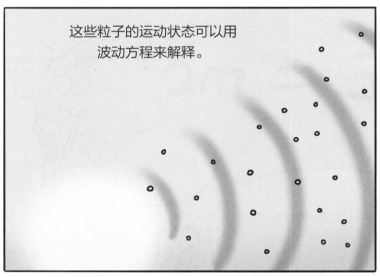

这些粒子的运动状态可以用波动方程来解释。

波动方程？

啪

……

这个有点儿难。波动方程是描述波如何随时间变化而变化的方程。

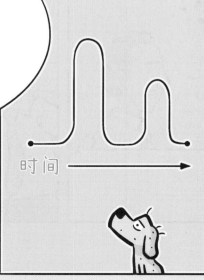

时间 ➝

在原子世界中，我们可以通过波动方程来解粒子的运动状态。

啊！好晕啊！

总结一下……
在我们能看到、能感受到的世界里，可以使用牛顿运动方程……

但在原子世界中，就需要使用波动方程，对吗？

对。

按照我的波动方程，电子的能量可以分成两种。

$$E \geqslant mc^2 \qquad E \leqslant -mc^2$$

E=电子的能量　　m=电子的静止质量　　c=光速

就是这两种！

电子的能量要么大于等于mc²，要么小于等于–mc²。

根据相对论，
物体静止时的能量是$E=mc^2$。

$$E=mc^2$$

……

但物体运动时的能量比mc^2大。

$$E>mc^2$$

咦，为什么
这个不等式里的
mc^2前面有个负号？

$$E\leq-mc^2$$

能量
还可以
是负数吗？

你们肯定认为是
方程解错了吧？

但我坚信负能量
也是自然界
的一部分。

因为宇宙是缜密
的数学语言
组成的世界。

可惜对普通人来说，
宇宙语言太复杂、
太难懂了……

这可是科学
家和数学
家的语言！

如果负能量存在，就很容易解释原子发光现象了。

吸收光子

电子得到能量，向外侧轨道移动……

失去能量，就会移动到内侧轨道！

放出光子

对……没错。

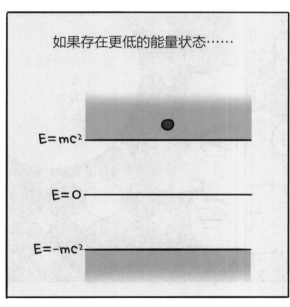

如果存在更低的能量状态……

$E=mc^2$

$E=0$

$E=-mc^2$

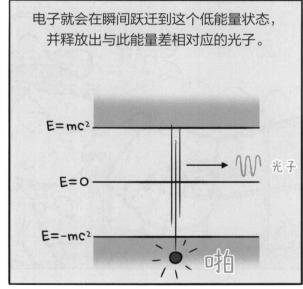

电子就会在瞬间跃迁到这个低能量状态，并释放出与此能量差相对应的光子。

$E=mc^2$

$E=0$

光子

$E=-mc^2$

啪

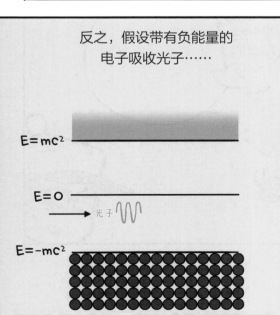

反之，假设带有负能量的电子吸收光子……

$E=mc^2$

$E=0$

光子

$E=-mc^2$

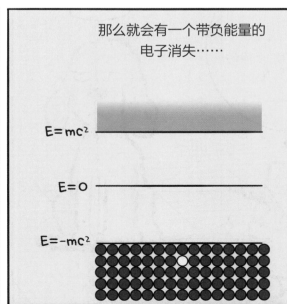

那么就会有一个带负能量的电子消失……

$E=mc^2$

$E=0$

$E=-mc^2$

产生一个带正能量的电子。

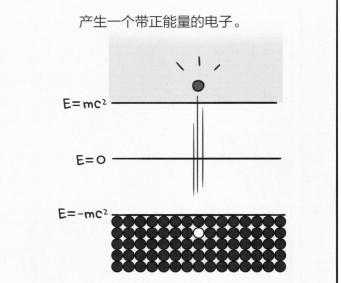

$E=mc^2$

$E=0$

$E=-mc^2$

最终光子消失，产生一个电子，
以及一个和电子带相反电荷的"正电子"。

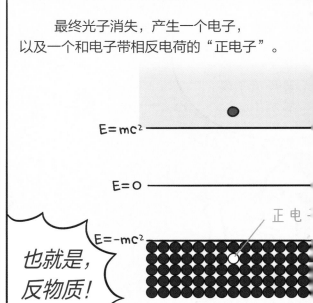

$E=mc^2$

$E=0$

正电子

也就是，
反物质！

$E=-mc^2$

反物质？

哐

我认为世界上
所有的粒子
都有对应的
反粒子。

物质和
反物质……
这是物质世界的
杰基尔博士
和海德先生吗？

……

哼

看我
干吗？

电子的反物质叫
正电子。

我想起来了，
曾经听爷爷说过！

拥有负能量的粒子吸收光子会产生物质和反物质……

光子
物质
反物质

物质和反物质在碰撞的瞬间会消失并发出光子。

啪
光子

$E = -mc^2$

$E = -mc^2$

$E = -mc^2$

真空状态下的宇宙里并不是什么也没有，而是充满了反物质。

嗖

咦？

管他什么物质、反物质、负能量呢……

我要回去！

我可不能一直这个样子！

喂！喂！等等！

咬

咻呜

喂！你仗着知道回去的方法，就这样随便乱来吗？快给我！

哼！还不是因为你们随便穿越！

嗒

啊刷啊

穿越后学习的理论好像越来越难了……

物质 反物质 光子 电子

从科学家们那里拿到的东西也越来越多了……

郑小多！你在听我说话吗？

先收着吧。说不定以后要还给他们……

郑小多！听我说话了吗？

啊！

听话!

宠物店

总不能剃一半吧!

嗡嗡嗡

汪

嗷呜呜

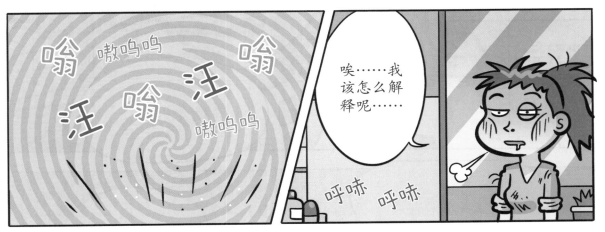

嗡 嗷呜呜 嗡
汪 嗡 汪
嗷呜呜

唉……我该怎么解释呢……

呼哧 呼哧

嚯!

它挣扎得太厉害了……不是,它太活泼了,实在不好剃。只能把毛全剃了……

对不起!

嘿嘿!

这下可以不用美容了!万岁!

是我。
成功了。

好，
辛苦了。

它挣扎得
太厉害了，
好不容易
成功了。

都处理
好了吧？
别留下
后患！

放心吧。
我偷偷装在了
耳朵后面。
您试试吧。

好！

孩子们，
我带Mix
回来啦！

咦，怎么还
穿上衣服了？

美容师技术不太好，把它的毛剃光了……

所以送了一件衣服作为补偿。

唰

噗!

哇哈哈哈哈哈哈!
哎呀，
笑死我了!

还是剃光了……

哥哥不觉得好笑吗?

好笑。

不过，剃了一半的时候更好笑……

哈哈哈哈!

忍忍忍

噗哈哈哈哈!

汪汪汪!
别笑了!

抱歉……

第二天

作业大家都完成了吗?

完成了!

快交作业啊，干什么呢?

嘿嘿嘿!

你看……

哇哈哈哈哈哈哈哈哈哈!

噗!

惊

上课时间，你这是干什么!

对不起，我一时没控制住……

怎么搞的啊?毛都剃光了。

总比剃了一半强……

哈哈

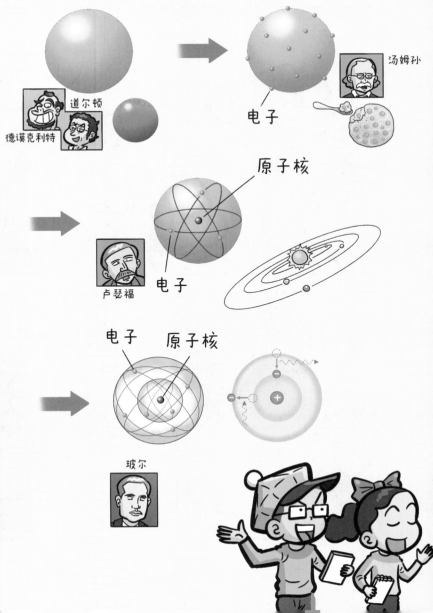

非常棒。
作业完成得很认真！

介绍得非常生动，
就跟亲眼见到
卢瑟福和玻尔，
听他们介绍了一样。

开玩笑啦，
怎么不笑……
看来我不太幽默……

怎么可能！

你觉不觉得，
老师好像
知道了什么？

好像知道穿越的事……

说了是开玩笑嘛——你喜欢的冷笑话。

不用太在意。

冷笑话？

总之……

刷

谢谢你带我一起穿越时空。

什么嘛……让人心情七上八下的……

话说，原子到底长什么样子呢？真想亲眼看一看。

我们回忆一下学过的内容……

$$\Delta x \Delta p \geqslant \frac{\hbar}{2}$$

不确定性原理，不相容原理。

……

百闻不如一见，懂吗？

我想看看原子真正的样子！

我们再穿越一次吧。

啊！

站起

不行！今天爸爸做了炒年糕等我回家吃。

偷偷摸摸

惊吓

搞什么？

嘿嘿嘿！

别过来！

嗖

哇啊啊啊呀呀！

衣服！衣服！

唰 啊 啊

啪

啊! 我的衣服!

嗒

呼——

1926年
瑞士苏黎世大学

喂，
金敏书！

要穿越也得先商量好啊……

怎么啦？

我想快点儿学习知识嘛！

穿越前也得和我商量啊！

呜呜呜！我的炒年糕……

炒年糕又不会跑，有什么好哭的……

只不过是晚一点儿吃嘛！

喂，你们怎么跑到我的研究室吵架？

你们是谁？

对，对不起。

教授，您好。

99

电子和原子核被发现后，关于电子运动的说法有很多！

物理学家们认为用牛顿的经典力学很难解释原子内部的现象。

这段时间谢谢你了，牛顿。

我的时代过去了……

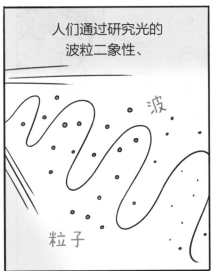

人们通过研究光的波粒二象性、

波

粒子

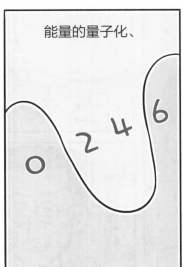

能量的量子化、

相对论等，

认识到要想说明电子的运动，我们需要全新的物理学。

电子

我一定会搞清楚！

振

奋

哎哟，我的人气可真高！

给我签个名吧。

物理学家们

电子

什么情况……

求解薛定谔方程，会得到许多个解……

薛定谔方程 — 求解 — 解 解 解 解 解

真难解……

这意味着电子的能量有许多种。

电子

!

那么，您怎么知道电子实际上拥有什么样的能量呢？

测量！

通过测量，可以知道电子的能量，得到与它相对应的波函数。

嗖

只有确定了
波函数……

才能知道电子的运动状态。

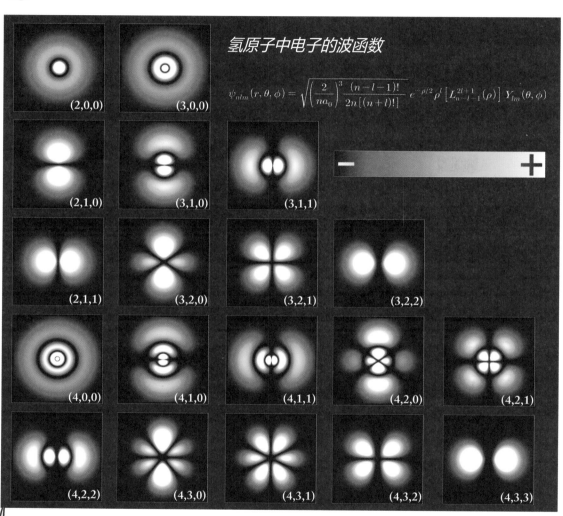

氢原子中电子的波函数

$$\psi_{nlm}(r, \theta, \phi) = \sqrt{\left(\frac{2}{na_0}\right)^3 \frac{(n-l-1)!}{2n[(n+l)!]}} \, e^{-\rho/2} \rho^l \left[L_{n-l-1}^{2l+1}(\rho)\right] Y_{lm}(\theta, \phi)$$

(2,0,0) (3,0,0)

(2,1,0) (3,1,0) (3,1,1)

(2,1,1) (3,2,0) (3,2,1) (3,2,2)

(4,0,0) (4,1,0) (4,1,1) (4,2,0) (4,2,1)

(4,2,2) (4,3,0) (4,3,1) (4,3,2) (4,3,3)

这幅图上画的
就是氢原子中
电子的各种波函数。

哇，真好看。
好像美丽的
银河！

各式各样
的都有啊！

就像光的
盛宴！

是的，很像宇宙中的银河吧？

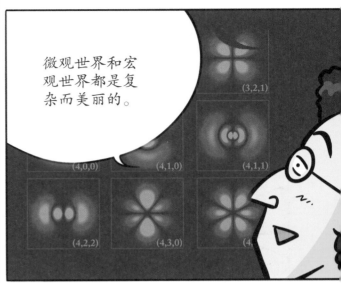

微观世界和宏观世界都是复杂而美丽的。

我将向学界发表这个波动方程。

哼哼！反正我要回家。

咬

咻 呜 呜

喂！能不能提前商量一下！

要是你能把我的毛还给我，那我就考虑一下。

我看到你了!

啪

你这个跟踪狂!

?

喵!

小猫?

看来,就是这只猫跟踪我们喽。

喵!

看!哪儿有什么人?

好奇怪……明明不是动物,是人啊……

!

喵!呜!

第六话
生存还是死亡，这是一个问题

你在学校里见过猫吗？

没有，但也有可能是路过的野猫嘛。

不，我的第六感告诉我，这里面一定有什么问题。

是啊，有只猫嘛。

你是在开玩笑吗？

也许是门卫大叔新养的小猫呢。

你这么热爱科学，怎么不懂得质疑呢？

晕

猫也很奇怪，门卫大叔也奇怪……

……

你也很奇怪！我也很奇怪！

你清醒点儿……

泡菜 大酱汤 米肠 鱼糕 唰

小多，你看那两个人奇怪吗？

嚼 嚼

不啊。

小声

你不觉得这个炒年糕奇怪？一直盯着你哟。

唉！

你这个疑心鬼！

对了，刚才见薛定谔教授时，你说到了猫。

啊，薛定谔的猫？

喵！

！

薛定谔的猫
到底是什么啊?
明星猫吗?

一只
既死了又活着
的猫

我也不太清楚。
爷爷和我说过,
但我那时候
太小了……

那我们再穿越过去
搞清楚吧。

噗!

喂,才刚回来多久
又要穿……

哐当

安静!
被人听见了!

霍 啪

!

这里有其他人,
我们先出去。

喂,我还没
吃完呢!

噔噔噔

啊！孩子们出去了。
我们也跟上！

站起

啊，我还没
吃完呢！

怎么都端着盘子
往外走？一定要
把盘子还回来啊！

好，您
放心！

我的炒年
糕！我的炒年
糕啊啊啊！

一定要追上！

我的薯条……

唰

！

啪

炒年糕
和薯条，
合体！

1936年
奥地利格拉茨大学

12

49岁

是薛定谔教授
的研究室。

啊，好像比
那时候老了一些。

这红条
条吗？

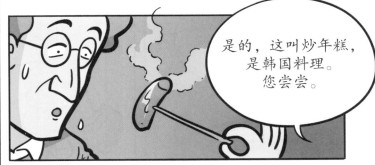

是的，这叫炒年糕，
是韩国料理。
您尝尝。

！

嗯，比看
起来好吃。

5分钟后

这是给人
吃的吗？
是给地狱里
的魔鬼吃的吧？

不过，教授，您
的研究室里一只
猫也没有呢。

猫……吗？

就是那著名的
薛定谔的猫。
不是您养的吗?

嚼

嚼

嚼

……

嚼

嚼

噗

哈

哈

那只猫
不是实际
存在的猫,
它在我脑子里。

☆

因为量子力学
理论目前还不够完善,
所以我用猫
做了思想实验。

量子力学不是解释
原子世界的物理学吗?
和猫有什么关系呢?

?

喵?

?

?

电子和原子核
被发现后……

物理学家们认为需要全新的物理学来解释原子的世界。

所以，物理学家们提出了不相容原理、不确定性原理和波动方程。

嚯！

！

是的，没错。解波动方程后得到的波函数，能告诉我们电子出现在特定位置的概率。

电子可能出现的位置

电子

10%

15%

25%

25%

15%

10%

概率……

叮

转 转转转

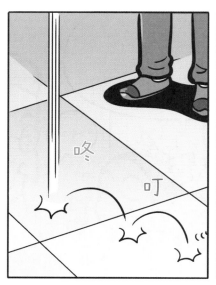

咚
叮

丢硬币时，反面向上的概率是50%！

因为不是正面向上就是反面向上！

骨碌碌碌

对，正面向上和反面向上的概率各为50%。

丢硬币时，硬币会正面向上或者反面向上……

正面！
叮
叮

不管我们看不看，结果都不会变。

但电子的位置和这个有所不同。

?

啪！

根据量子力学，电子的位置在观察的瞬间被决定。

在观察之前……

是正面还是反面？

问电子在哪里没有意义。只能知道概率。

在这里的概率是？

这里？

还是这里？

在这里？

我认为必须考虑概率的量子力学并不完善。

可是这和猫有什么关系呢？

啊……

所以我想证明量子力学是不完善的！

好，现在开始和我一起做思想实验！

不用任何实验器具，就在脑子里想象。

该不会……要用那把锤子把玻璃瓶砸碎吧？

好吓人！

不要啊！救我！

呜呜

不是现实，只是思想实验！别紧张……

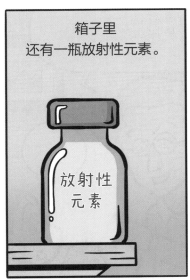

箱子里还有一瓶放射性元素。

放射性元素

这种元素发生放射性衰变的话……

旁边的感应装置的开关就会被触动……

锤子就会砸碎玻璃瓶。

哐当

致命的氰化物就会在箱子里扩散。

不！

噗

哧

哧

那猫不就死了！

我反对做这个实验！

你说什么呢？

接下来才是重点。

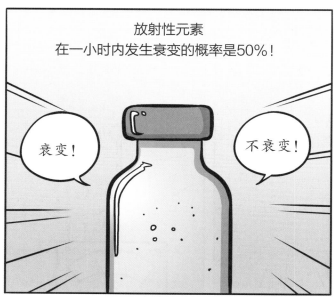

放射性元素
在一小时内发生衰变的概率是50%！

衰变！

不衰变！

那么一小时后，
猫还活着的概率是多少呢？

！

50%!

一半！

是的，从概率上来说，
猫死了的可能性占一半，活着的可能性也占一半。

死   活

既死了又活着的猫！

我就是跨越生死的超级猫！

从现实角度看，猫要么是死的，要么是活的，只能是其一。

但根据量子力学，我们在打开箱子之前，只能通过概率来判定猫的死活。

量子力学的结论是，打开箱子看到猫的瞬间，两种状态变成了一种。

这怎么可能呢！量子力学理论还有不完善的地方！

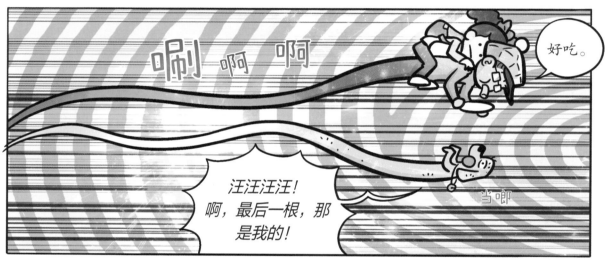

喵喵喵！

一起来填空！

为了解释电子四散分布在原子内这一事实，泡利提出了○○○○○○，认为相同状态的电子只能出现在不同的轨道上。

依据海森堡○○○○○○，我们无法同时知道电子的位置和动量。

答案见第212页。

第七话
跨年夜的钟声

我的第六感很准！

嗖

嚯

从学校里的那只猫出现开始，我就觉得很奇怪。

是是，你第六感准。我去还盘子，然后回家吃炒年糕。

你被炒年糕鬼附体了吗！

整天炒年糕，我请你吃还不行吗？！

真的？真的？真的？真的吗？

呃，我一不小心，停！

抖 抖 抖

还是没找到。看来今天没戏了。

抖

嗖 嗖

抖 抖

不会被孩子们发现了吧？

所以我们要更隐蔽，才能搞清楚穿越的秘密。

是……下次我会更小心的。

今天就先散了吧。

起身

啊，等等！

莫非是孩子们出现了？

唰

盘子得还回去啊。

12月31日晚　首尔钟路普信阁

哇

呀

哇 啊 啊

啊，仿佛被卷进大浪了！

唰 啊

所以你俩是在……

闭嘴！

啪

呃！

31号晚上大家都会来看敲钟好吗？

哪有！明明是你拖着我们来看！

我们是偶然遇见的！

唰

几天前

心愿也可以在家里许呀！

听说要听着钟声许愿，心愿才会实现！

好吗？拜托了！

不行，在家许愿吧。

好吗？

好吗？

好吗？

整整一小时

好好好！去去去！去还不行吗！

好吗？ 好吗？

好吗？ 好吗？

好吗？

好吗？

好吗？

好吗？

敏书说她每年都会去看敲钟……

满意

软乎乎

呼——

看他那表情，太可疑了……

喂，别在我
面前抖！

你管不着！

哼

挠 挠 咬哟

嗞 嗞

！

好，普信阁
敲钟……

我们也去！

点头

回到现在

早知道躲着
小云了……

什么？躲
着我？

没事！
没事！

总之呢，
你们是甩不
开我的。

虽然是来跟踪调查的，不过既然来了，我们也许个愿吧！

也是！

哇

哇

希望知道穿越时空的秘密。

希望能帮助伍〔〕索普发现穿越时空的秘密

嗷呜呜！
嗷呜呜呜！

汪啊啊啊啊啊啊！
为什么就把我丢在家里?!
也不给我玩具！

嗯哼！
好烦！

普信阁的钟声响了……

哈 哈！
许愿吧！

别人家都那么温馨……

我不需要！

我自己玩！

嗷呜呜

……

咚

钟声为什么
这么浑厚悠长呢?

咚 咚 咚 咚

当 当 当

这是一种
拍现象。

什么? 排现象?

……

不是排现象,
是拍现象啦!
笨蛋……

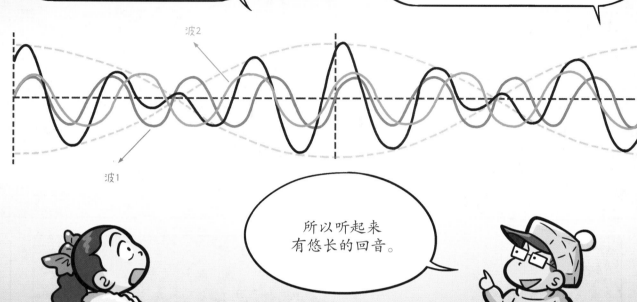

钟被敲响后，会发出
频率略微不同的两种声波。

两种声音叠加
变成时强时弱的声音。

波2

波1

所以听起来
有悠长的回音。

声音是一种波，
是通过空气中粒子的振动来传播的。

你以为我穿越时空
是去玩的吗？

好吧。

波最有代表性的例子
就是水波！

漂浮

这我也懂。

等等!
她说穿越
时空?

好像是!

你，要是总这么
瞧不起我，
我可就随便穿越了啊。

嚯!

拥挤

哎哟!

啊!

喂! 在这儿合体
怎么行……

咻

呜

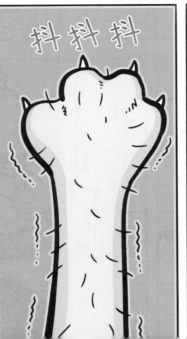

抖 抖 抖

抖

抖

咻 呜

唰 啊 啊

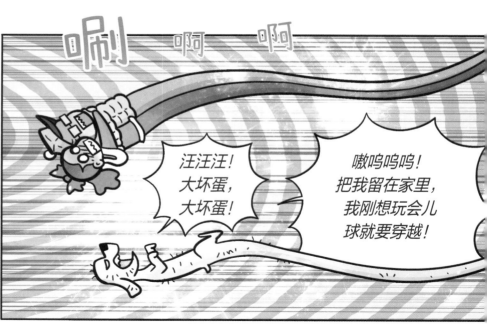

汪汪汪！
大坏蛋，
大坏蛋！

嗷呜呜呜！
把我留在家里，
我刚想玩会儿
球就要穿越！

1923年
法国巴黎索邦大学

喂，松开！
你在干什么！

明明
是你！

推

我都要气死了，
你俩倒好，
还抱着
穿越过来……

我又说不了话
……

你们在我书桌上干什么！

在这个重要的时刻！

都怪你俩，好不容易出现的灵感消失了！

我德布罗意差点儿就要想出伟大的理论了！

这只刺猬又是怎么回事？从生物实验室跑出来的吗？

我是狗好吗？

我不是教授，我是博士生。

我们，是想向教授您请教问题。

教授？

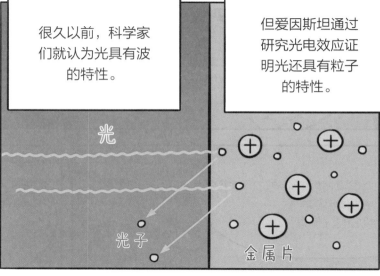

如果光具有这个特性……

那电子、质子等粒子是否也具有波粒二象性?

我在想，也许波粒二象性是……

光、原子中的粒子乃至所有物质都具有的基本性质。

您是说不止光有这个特点!

那么我的身体也是由具有波粒二象性的粒子组成的?

?

嗷呜

一会儿是狗，一会儿是刺猬。明白了。

你干什么呢?

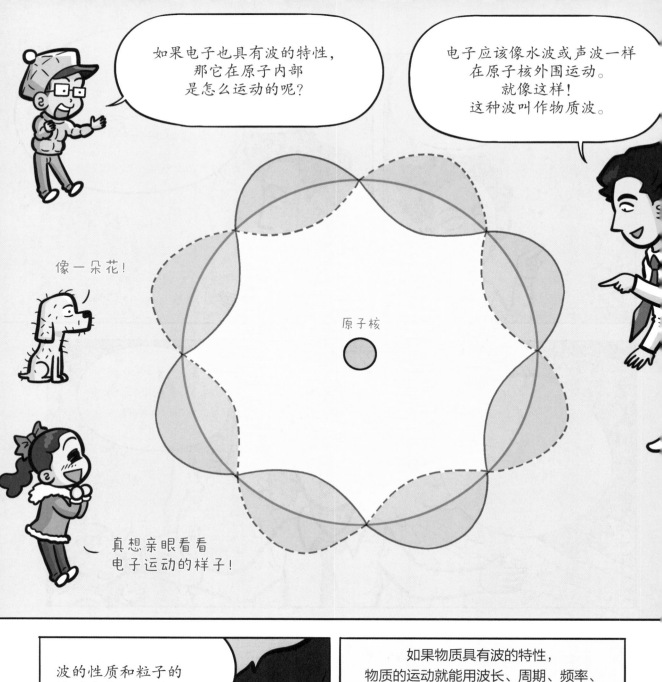

如果电子也具有波的特性，那它在原子内部是怎么运动的呢？

电子应该像水波或声波一样在原子核外围运动。就像这样！这种波叫作物质波。

像一朵花！

原子核

真想亲眼看看电子运动的样子！

波的性质和粒子的性质有什么区别呢？

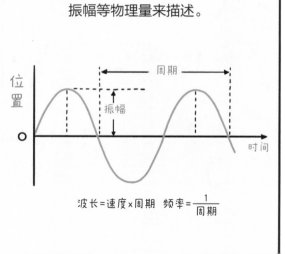

如果物质具有波的特性，物质的运动就能用波长、周期、频率、振幅等物理量来描述。

位置

周期

振幅

O

时间

$$波长 = 速度 \times 周期 \quad 频率 = \frac{1}{周期}$$

相反，如果物质具有粒子的特性，
物质的运动就能用质量、位置、动量等
物理量来描述。

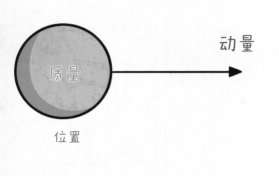

那么，如果电子等粒子
具有波的特性……

原子核

它的运动也能用波长、频率、
周期、振幅等来描述。

真聪明！

耶！

好像电影
海报……

HIS ADVENTURE ON EARTH

E.T.

小菜一碟！

叮

总有一天我会用实验
证明电子具有波动性！

哈！

别担心。
您六年后会得
诺贝尔奖……

闭嘴！

拧

也有
可能啊！

好，
谢谢你。

嗯……只要能顺利完成这篇论文，诺贝尔奖肯定没问题。

我来帮您捡。

啪

没关系，反正那一页不重要。

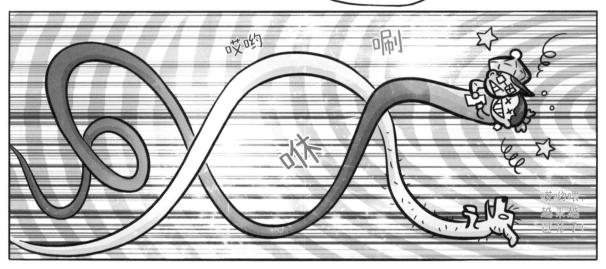

哎哟

唰

咻

咚——

唰

为什么我的脑子里……

也有声音响起……

话说，他俩到底什么时候穿越啊？

看来今天又没戏了……

啊呀，他俩怎么突然晕了？

人太多，撞倒了吧。

发蒙

等等！

莫非刚才……

哐

同时

还有这种好事！

呀呜！穿越回来，球竟然到了眼前！

呜呜！可是，现在该怎么下去啊？

惊

来，好好看我滑，
跟我学。

唰 啊

嘿！

我转！

看到了吧？
只要好好练
习就行。

……

呵！就每天练5
小时以上，严格
节食，再冒着腿
受伤的风险……

拼了命地练
是吧？

对。

祝你玩得开心!

鞠躬

嚯!

好啦,你们别走!开玩笑的!

让站着都费劲的人

做跳跃动作…

一、二,一、二。

这就像……

教小孩学走路一样。

咿咿呀呀。

咿咿呀呀。

真是好笑,连滑冰都不会……

抖抖

你自己也是…

抖抖抖

啊！

倒

这么大的人了连滑冰都不会啊？

别推！别推我！

哎呀！

别害怕，保持平衡。抓着我的手……

这……抱歉，麻烦你了……

第一次滑都这样。

害怕摔倒是学不会滑冰的。摔几次就会了！

是……吗？

好!那就大步跑起来!

啪

我停不下来了!

呀

啊

好,我放手啦。

啊?好!

哇!可以了,可以了!

小云你也试试。

很棒!

扑通

哇!

唰

扑通

呀!

唰

呼哧呼哧

哆哆嗦嗦

哇，这是劈叉比赛吧。

很厉害。是体操运动员吗？

还是跆拳道选手？

哇哈哈

哇哈哈

不许笑！

我是在哭……

话说，刚才滑着冰我突然想起了复冰现象。

复冰现象？

不是劈叉现象？

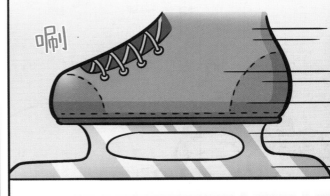

长久以来，科学家们都在研究人穿着冰鞋能在冰上滑行的原因。

唰

他们找到的一个解释就是复冰现象。

复冰！

复冰！

复冰！

所以复冰现象到底是什么？

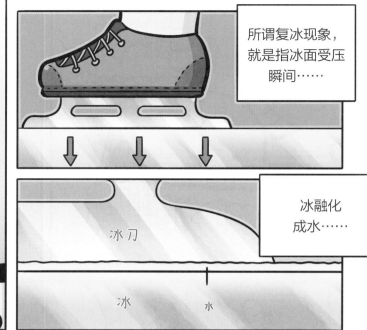

所谓复冰现象，就是指冰面受压瞬间……

冰融化成水……

冰刀

冰

水

压力消失后……

冰刀

冰

水

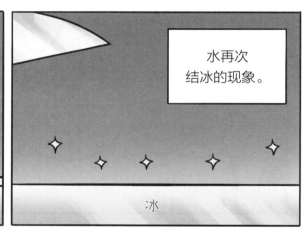

水再次结冰的现象。

冰

复冰

反复的复……结冰的冰。

噢！再次结冰，所以叫"复冰"啊！

你挺厉害的嘛。

你也是还知道复冰……

这是……

什么情况……

唰 啊

水 冰

也就是水膜减小了摩擦力。

以前人们是这么认为的。

以前?

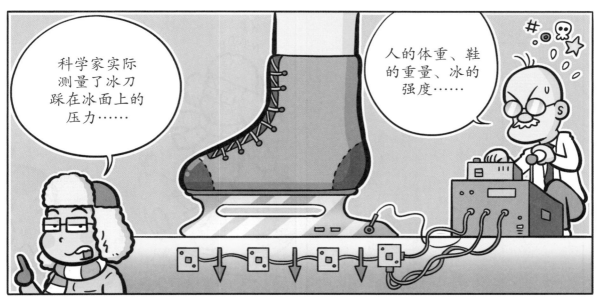

科学家实际测量了冰刀踩在冰面上的压力……

人的体重、鞋的重量、冰的强度……

发现冰刀的压力其实不足以使冰融化。

什么嘛,那复冰现象就不存在了啊。

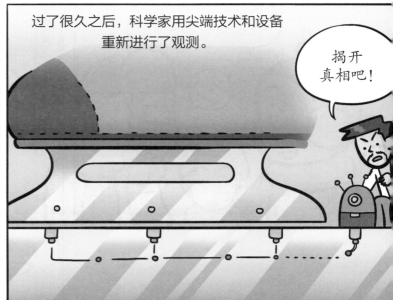

过了很久之后,科学家用尖端技术和设备重新进行了观测。

揭开真相吧!

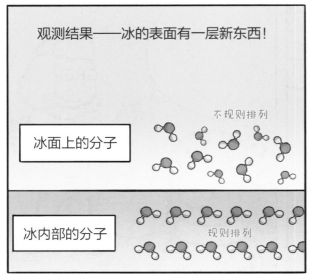

观测结果——冰的表面有一层新东西！

冰面上的分子 —— 不规则排列

冰内部的分子 —— 规则排列

叫作流动层。

流动层？听起来好难懂啊。

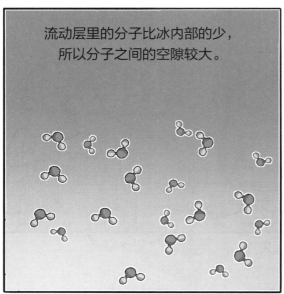

流动层里的分子比冰内部的少，所以分子之间的空隙较大。

流动层里的分子杂乱无章地游离在表面，从而使冰面变得滑溜溜的。

好滑……好滑

原来如此！

小多，你好厉害……

没有啦！

喂！喂！

158

你们俩在我面前干什么呢?!

干什么呢?!

还能干什么······当然是讨论科学问题啊。

是啊，我们连玩的时候都没有忘记科学。科学和娱乐的······

结合······

拜托和我商量下吧······

我说顺嘴了······抱歉······

我是哥廷根大学的马克斯·玻恩教授。

我们是郑小多、金敏书，还有Mix。

这里和德布罗意博士的研究室很像……

等等！你刚才说德布罗意？

我正好在研究德布罗意博士提出的物质波。

果然……在同一时期，许多科学家的研究领域都相同。

科学就是这样一步步发展的。

握拳

物质波是说电子也像波一样运动……

没错！

因此，电子的运动可以用波动方程来描述。

$$\frac{\partial^2 u}{\partial t^2} = c^2 \nabla^2 u$$

因为牛顿的经典力学不适用于量子世界，所以需要一个全新的理论？

是的！这是目前物理学界的热门话题！

可是波动方程真的很难懂。

我也不懂你为什么要一直吃胡萝卜。

咔嚓 咔嚓

好，我们知道原子是由原子核和电子构成的，对吧？

对!

这是汤姆孙、卢瑟福、玻尔等伟大的科学家通过实验发现的。

是的。

可是……

原子里的电子到底是如何运动的？找到这个问题的答案非常重要。

虽然我们知道电子的存在，但必须知道电子如何运动，才能理解原子内部发生的事……

电子

嘻嘻

是的!

所以，玻尔以氢原子光谱为依据，认为电子在特定轨道上运动……

获得能量或失去能量后会移动到其他轨道。

放出光子

吸收光子

多亏了泡利不相容原理和……

海森堡不确定性原理……

$$\Delta x \Delta p \geqslant \frac{\hbar}{2}$$

我们对电子有了更多了解。

?

不相容原理我知道，但不确定性原理是什么？

哎呀！不确定性原理是1927年才提出来的！现在还没到那时候！

啊……没什么啦。

总之，3年前德布罗意博士提出了"物质波"的概念，认为原子中的电子也像波一样运动。

原子核

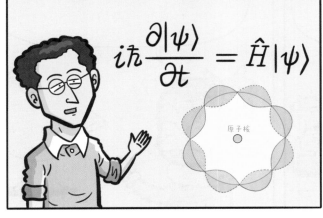

后来薛定谔博士提出，要想了解电子的运动状态，必须通过解波动方程。

$$i\hbar\frac{\partial|\psi\rangle}{\partial t} = \hat{H}|\psi\rangle$$

原子核

但是，他反复研究，也无法理解电子像波一样的运动状态。

到底哪里出问题了？

所以我的结论是……

波动方程的解必须用概率来解释！

薛定谔教授认为波动方程求解的结果，也就是波函数，表示的是电子本身的运动形成的波，这种波拥有特定的能量。

原子核

而我认为，波函数表示的是电子拥有某种能量的概率。

原子核

啊，好难……脑子冒烟了……

我连你为什么一直吃胡萝卜都弄不懂……

咔嚓

那么……您是说，通过解波动方程虽然不能准确得知电子拥有多大的能量……

电子

能量
?

但能知道电子拥有特定能量的概率，对吗？

对!

能量

电子

不光是电子的位置，连能量也只能知道概率，真是个不确定的世界……

哎哟！好郁闷！

捶捶

只能知道概率这一点，恐怕薛定谔教授不会同意吧。

为什么这么说？

概率并不确定。

骨碌碌 4！

就像掷色子时，我们不知道哪个面会朝上。

真奇怪，自然竟充满不确定性。

这才是自然的本性！

所以才会有"薛定谔的猫"这个思想实验。

喵！

通过这个实验来主张概率的解释并不正确。

你读一读我的书吧。等读了具体的内容，你就会同意我的观点！

咻鸣

哎哟喂，越来越夸张了啊。

哪有！

你们自己玩吧。我先走了。

随便你啦！

等等，她回去肯定会向我爸妈告状……

小云，你有什么想吃的吗？

啪

嗖

乌冬面、鱼糕、冰激凌，各两份！

我晕

终于弄清楚了!
我找到证据了!

他俩的
位置……

在瞬间
发生了
变化!

唰

真的吗?

他们就是
在那一瞬间
穿越的!

!

我确定他们
穿越了!

同时

知道
我为什么
吃胡萝卜吗?

这是对他随心所欲
穿越的报复!

咔嚓

咔嚓

我要毁掉小多的雪人!

咔嚓

咔嚓

那今天就拜托你啦！

我很严格的，你做好心理准备！

跟我来吧。

不是教我骑车吗？你要去哪儿？

去租正常的自行车！

不要啊！

直接骑那样的学得快！

哼！

自行车出租

我要租一辆自行车。

……

那个女生是宠物店店主！给我剃毛，啊不，把我的毛剃光的人！

嗡嗡

一想起来就毛骨悚然！

我们为什么来这里啊？什么自行车公园……

为什么来？当然是跟着他俩来的！

他俩穿越的证据，上次不是找到了吗？

所以呢？

刷

组织会据此给我们下一步指示。为什么非要……

握拳

什么非要！工作的时候就要认真！

我们现在放假了啊！

忘了

那……那倒是！可休假的时候也不能忘记工作啊！

！

我是有责任感的人。随时准备为组织奉献自己……

可惜了假期。

飕 飕 飕

就像广袤草原上孤独捕猎的鬣狗……

不愧是前辈！对工作的热情真是不一般！可还是得严格遵守工作时间啊……

我们骑车跟着他们吧！

啊……心疼我的假期！

○○○

可……可是……

怎么？

唰

我，不会骑自行车……

175

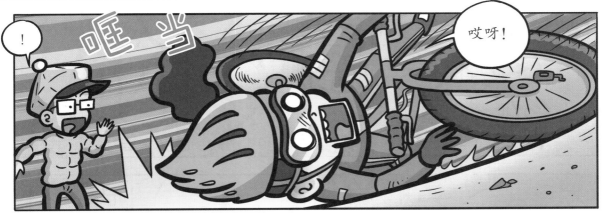

我要回家！我不跟你学了！

啊！

哈哈哈！抱歉，抱歉，抱歉！

唰

我开玩笑的，为了让你学得开心嘛！

你不是说很严格吗？还开玩笑？

我有说过吗？

这就是你的教学态度？

转

你刚才是不是受伤了？我很担心呢。

表演

已经晚了。

嘿

不过，本小姐再给你一次机会。

好的，遵命。

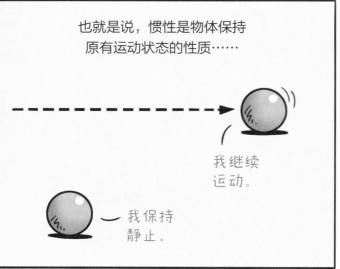

也就是说，惯性是物体保持
原有运动状态的性质……

我继续
运动。

我保持
静止。

那转动惯性就是
保持转动状态的
性质吗？

是的！

嗒 嗒

转

陀螺要想不倒
的话……

就要一直旋转……

！

啊，我明白了！

要想自行车不倒，
就得不停地蹬，让
轮子转起来！

就是这样

只有不断前进，才能保持平衡！

这是爱因斯坦的名言！

听起来很靠谱。

是吗？

那我也要留下一句名言。

什么？

！

金敏书要想学会骑车，我必须放手！

要想保持平衡，就要不断地蹬脚踏板！

好，我要试试！你放手吧！

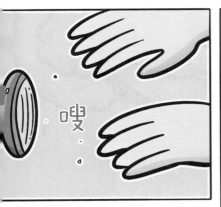

嗖

啊呀！

哐

嘎

嘎

让你蹬脚踏板，别光转车头啊……

喂，受伤了吗？

哇

我可能一辈子都学不会了！

呼——没受伤就好……

我没有天赋！我讨厌自行车！我讨厌你！

呃……

你喊得我脑袋里嗡嗡响！你的声音简直要和我脑袋合起来了！

合起来……

咻

鸣

目标在一米内！让我听听他俩到底在说什么……

咻呜

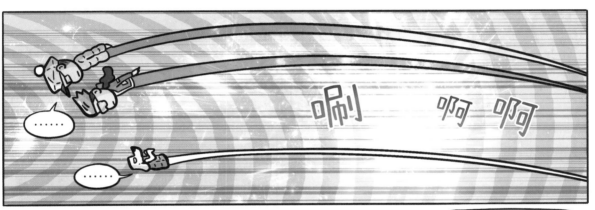

……

……

唰 啊 啊

1927年
丹麦哥本哈根大学

以后说话要小心！

咦……
感觉来过
这里……

我正跟踪
神秘人呢
……

你们是什么人？怎么在我房间里吵闹？这个小女孩穿的好像是航天服啊。

啊！尼尔斯·玻尔？

原来这位就是玻尔教授！

哈哈，这么快就认出我了。我确实挺有名的。

但您比之前老了很多啊。

瘪瘪

受到

打击

我……我看起来很老吗？

啊，不是！是说您看起来比1913年照片上的老了一些……

突然开心

啊，那当然了！1913年我还很年轻呢……当时正专心研究原子模型。

410 nm 434 nm 486 nm 656 nm

是的，您说通过分析氢原子光谱可以了解原子的结构……

拧

？

您在论文里说的！

是这样啊！

我提出原子模型后，全世界的科学家……

纷纷开始研究原子结构。

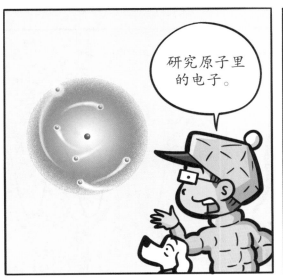

研究原子里的电子。

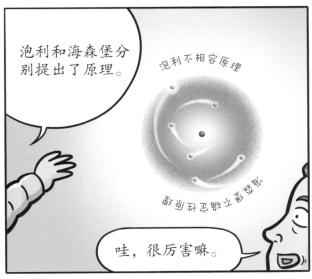

泡利和海森堡分别提出了原理。

泡利不相容原理

海森堡不确定性原理

哇，很厉害嘛。

还有能够描述电子运动状态的波动方程。

波动方程

泡利不相容原理

海森堡不确定性原理

您说的是薛定谔教授的波动方程吧？

是的。

粒子

波

可以说这门全新的物理学始于光的波粒二象性。

光同时具有粒子和波的特性！

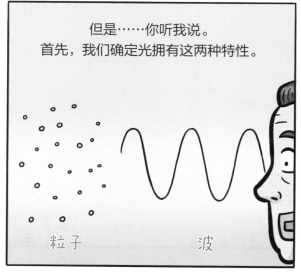

但是……你听我说。首先，我们确定光拥有这两种特性。

粒子

波

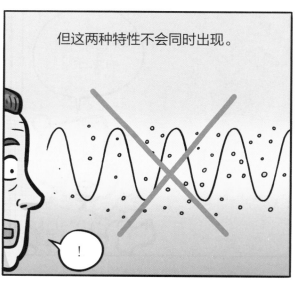

但这两种特性不会同时出现。

！

我也无法想象粒子和波的特性同时出现。

粒波？

波子？

波子？ 粒波？

粒子

波

光具有两种特性，但只表现其中一种特性？

是的。

但为了弄清楚构成原子的粒子的运动状态，

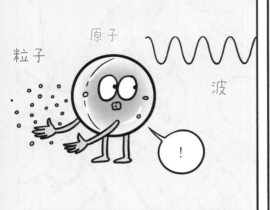

粒子

原子

波

！

我们需要把这两种特性都考虑进去。

啊……
好难……

其实物理学家们
也不太懂吧？

具体
来说……

在跟干涉和衍射有关的实验中，
光表现出波的特性。

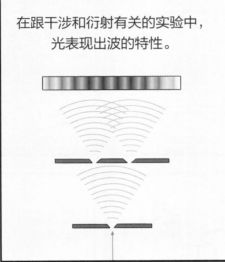

而在光电效应等实验中，
光表现出粒子的特性。

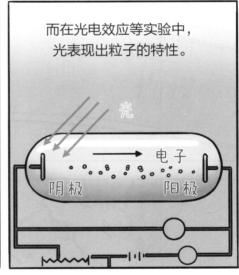

光

电子

阴极　　　　阳极

也就是说，由于
实验不同，光有时候
表现出粒子的特性，
有时候表现出波的
特性？

是的。

表现出的特性会
随实验变化……

难道做实验的
科学家们
是神？

187

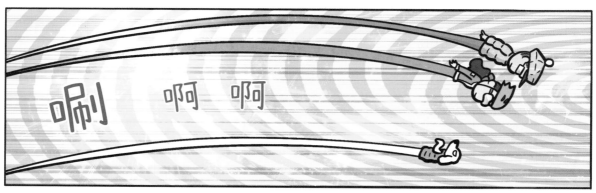

第十话

辩论是探究科学的核心！

还不如直接约呢，干吗要演戏装作偶遇啊？

小云一直在怀疑咱俩，被她发现就麻烦了。

邀请函

时间：1927年10月24—29日
地点：布鲁塞尔国际索尔维物理研究所
特邀演讲者：尼尔斯·玻尔

邀请函？

嗯，上次玻尔教授给的。

！

也就是说，由于实验不同，光有时候表现出粒子的特性，有时候表现出波的特性？

是的。

孩子们，稍等！马上就要召开索尔维会议了……

你们一定要来。

？

这是什么啊？

啪

哦，上次回来之前给的啊。

刚刚就一直跟着我们，难道……

原来是封邀请函。

给我仔细看看。

咻 呜

不是我的错！我什么都没干！

唰 啊 啊

……

难道是因为这封邀请函？

1927年
10月24日
比利时布鲁塞尔

这次不是研究室。

来了好多人。

听说了吗？爱因斯坦来比利时了！

居里夫人也来！

马克斯·普朗克！

玻尔也来了。

怎么回事？传说中的大神们？

听说玻尔教授要做关于量子力学的演讲！

啊，我也好想去！

啊！看来这里就是国际索尔维物理研究所。

邀请函上写的地方……

不过，Mix，你好像淡定了很多。

……

怎么回事？

熟读唐诗三百首，不会作诗也会吟。穿越时空十四月，也该学着放下了。

山是青的，水是绿的。

报纸上也在报道这次索尔维会议。

哇，这种报纸竟然都能看懂。

咦？

你们拿着邀请函来了。欢迎你们！

哗

玻尔教授！

你俩的服装每次都很特别啊。

……

他还记得我们。

嘀咕

是啊……

索尔维会议是什么？
为什么邀请我们呀？

这是比利时实业家欧内斯特·索尔维创立的最早的物理学会议。

是世界著名物理学家们都会参加的学术大会，他们在会上交流关于物理学的最新研究成果。

关于物理学的最新研究……量子力学？

是的。

玻尔，会议马上开始了！进去吧。

好！

啊！那位是马克斯·普朗克？

你们也跟我进去吧。

好。

195

不，狗不能进去！

！

！

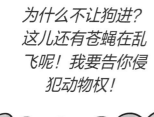

为什么不让狗进？这儿还有苍蝇在乱飞呢！我要告你侵犯动物权！

汪！

嗡

唰

肉干

嘿嘿！

乖巧

你就在隔壁房间等着吧！

嗖

它可真好骗……

看，这就是会议场所！

哇！

他们也会像玻尔教授一样记得我们吗？

这个嘛。之前除了费米教授记得，其他都……

不由紧张

那就试试吧。

啊？

薛定谔教授！

？

薛定谔的猫是活着还是死了？

咦，你是去年我在研究室见过的那个小女孩！

是的，我是敏书。

哇，竟然记得！

咦，你3年前也来过我的研究室……这次小多没一起来吗？

啊？泡利你也认识她？

泡利教授您好，上次我们跟您学过不相容原理。小多也来了！

你也来啦!

您好,又见面了。

没有形影不离啦!

小多也来了可!你俩真是形影不离!

不久之前刚见过,你们俩是金敏书和郑……小多?

不确定性原理!海森堡教授!

海森堡,这俩孩子是谁……啊,是你们!

研究反物质的狄拉克教授!

我在哪里见过你来着?

是4年前去过我研究室的小朋友吧?

发现康普顿散射的康普顿教授!

这位我不认识。

我之前一个人穿越的时候见过他。

小声

小声

这位小朋友我第一次见，她是你妹妹吗？

不是啦！

不是不是！！！

……

我们俩哪里长得像了？

你否认得也太激烈了吧……

提出"物质波"概念的德布罗意博士！

那只长得像刺猬的狗没来吗？

用概率解释波函数的玻恩教授！

在结冰的湖上滑冰的小朋友们？

天哪！

提出量子假说的普朗克教授！

太久了，记不清了。

还有研究光电效应和相对论的爱因斯坦教授！

……

大家都认识这个小朋友啊?

这小孩,还挺有名啊。

是我邀请他来的。

咦,那位是居里夫人吧?

您好,居里教授!

你好!

唰!

初次见面,很高兴认识你。

我也是,我一直很想见您。

玻尔教授请来的小孩,一定不是普通人。

真……真是太荣幸了!

那也不至于。

尊敬的各位学者！

欢迎参加第五届索尔维会议！

啪

啪

啪

今天我们请到著名学者来分享对"量子力学的诠释"的想法。

应该会讨论目前关于量子力学的研究成果。

第一，波函数决定粒子的状态……

且可以用概率来解释。

概率？这个嘛……上帝可不允许这种情况存在……

第二，所有物理量的测定结果都会
受到观测方法的影响。

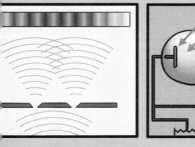

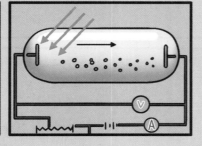

没错！观测方法
不同，测定结果
也会不同！

第三，位置和动
量等有一定大小
的物理量……

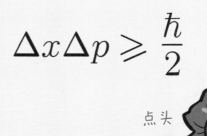

能量

动量

时间

位置

依据海森堡教授的不确定性原理，
不能同时被准确测量到。

$$\Delta x \Delta p \geq \frac{\hbar}{2}$$

点头

第四，电子等粒子拥有粒
子和波的特性，两种特性
具有互补性。

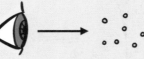

粒子

即，虽然拥有两种
特性，但两种特性
不会同时出现。

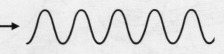

波

既是粒子又是波

第五，在量子力学中，特定的物理量必须是不连续的。

例如，假设某个粒子的能量从100变为200。

100　　　**200**

按照经典力学，能量是连续的量，所以要从100一点点增加到200。

100 ——120 ......140 ......160 ......180——→ 200

但依据量子力学，这个粒子的能量必须从100……

......

100

直接跳到200。

200

两种能量状态是不连续的。

唰　啪

我提议将这种解释称为"量子力学的哥本哈根解释"。

玻尔教授

唰

自然现象都有原因和相应的结果，必须用"因果律"来说明。

……

你说自然现象由概率决定？这绝不可能！

在原子的世界里，我们只能通过概率来了解粒子的状态！

粒子的状态必须以因果律为依据，准确地进行预测！

上帝不会用掷色子来决定未来！

您别再说上帝怎么样了！

爱因斯坦教授，玻尔教授！将来继续研究下去，就知道谁对谁错了嘛。

站起

郑小多，别多嘴！

物理学家
保罗·埃伦费斯特

好好，孩子说得对，两位别争了……《圣经·旧约》中有这么一句话——

"上帝让世界上的语言变得不同！"

同样，每个人的想法也不同。

不久之后

哇，真是一场激烈的辩论！

希望两位不要因为这场辩论而疏远了……

呵呵！当然不会。科学就是需要这样的辩论才能进步。

那当然。

嘻嘻！这会儿两个人倒是意见一致了。那我们先走啦……

这次我们什么话都没说就穿越了。

是啊，好像是因为这封邀请函……

因为你和我同时拿着它。

是吗？那我们把之前带回来的东西好好整理一下。

以后再说吧。现在该运动了。

……

好像收到了什么邀请函，然后他俩不知道怎么就穿越了。

果真不知不觉就穿越了。

已经穿越了？

靠近

我们收到邀请函的话，也可以穿越吧？

你说什么呢！谁会邀请我们……

等等！也许真的可以用这个方法！

他俩果然是坏人！

惊

危险在逐渐逼近！神秘的跟踪者究竟是谁？下一册将揭开他们的真面目！

索尔维会议正在进行，
看看这是谁的观点

第五届索尔维会议正在进行。
大家讨论得热火朝天，无法听清谁是谁。
试着把他们的名字和他们的观点连起来吧！

尼尔斯·玻尔

马克斯·玻恩

物质具有粒子和波的特性，但在不同的实验中只表现出一种特性。

波动方程的解——波函数必须用概率来说明，即我们只能通过概率来了解粒子的运动状态。

阿尔伯特·爱因斯坦

路易·德布罗意

粒子的状态不能被概率决定。因此，目前的量子力学是不完善的。

不只是光，电子等粒子也具有波的特性。

答案见第212页。

喵喵喵！

一起来填空！

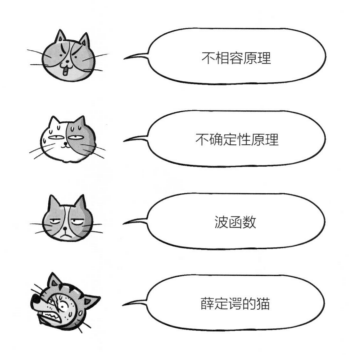

不相容原理

不确定性原理

波函数

薛定谔的猫

索尔维会议正在进行，看看这是谁的观点

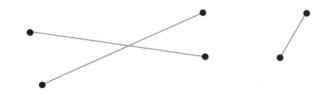

초등학생을 위한 양자역학 3（Quantum Mechanics for Young Readers）

Copyright © 2020 by 이억주（Yeokju Lee, 李亿周），홍승우（Hong Seung Woo, 洪承佑），Donga Science, 최준곤（Junegone Chay, 崔峻锟）

All rights reserved.

Simplified Chinese language edition is arranged with Bookhouse Publishers Co., Ltd through Eric Yang Agency.

Simplified Chinese translation copyright © 2022 by Beijing Science and Technology Publishing Co., Ltd.

著作权合同登记号　图字：01-2022-1349

图书在版编目（CIP）数据

量子物理，好玩好懂！ .3，薛定谔的猫 /（韩）李亿周著；（韩）洪承佑绘；王忆文译 . —北京：北京科学技术出版社，2022.11（2024.3重印）

ISBN 978-7-5714-2211-0

Ⅰ．①量… Ⅱ．①李… ②洪… ③王… Ⅲ．①量子论 – 儿童读物 Ⅳ．① O413-49

中国版本图书馆 CIP 数据核字（2022）第 048550 号

策划编辑：刘珊珊	邮政编码：100035
营销编辑：贺琳子　王艳伟	电　　话：0086-10-66135495（总编室）
责任编辑：樊川燕	0086-10-66113227（发行部）
责任校对：贾　荣	网　　址：www.bkydw.cn
封面设计：北京弘果文化传媒	印　　刷：北京宝隆世纪印刷有限公司
图文制作：天露霖	开　　本：787 mm × 1092 mm　1/16
责任印制：张　良	字　　数：169 千字
出 版 人：曾庆宇	印　　张：13.5
出版发行：北京科学技术出版社	版　　次：2022 年 11 月第 1 版
社　　址：北京西直门南大街 16 号	印　　次：2024 年 3 月第 4 次印刷
ISBN 978-7-5714-2211-0	

定　　价：56.00 元